BEI GRIN MACHT SICH IHR WISSEN BEZAHLT

- Wir veröffentlichen Ihre Hausarbeit,
  Bachelor- und Masterarbeit

- Ihr eigenes eBook und Buch -
  weltweit in allen wichtigen Shops

- Verdienen Sie an jedem Verkauf

Jetzt bei www.GRIN.com hochladen
und kostenlos publizieren

Bibliografische Information der Deutschen Nationalbibliothek:

Die Deutsche Bibliothek verzeichnet diese Publikation in der Deutschen National-
bibliografie; detaillierte bibliografische Daten sind im Internet über http://dnb.d-
nb.de/ abrufbar.

Impressum:

Copyright © 2014 GRIN Verlag, Open Publishing GmbH
Druck und Bindung: Books on Demand GmbH, Norderstedt Germany
ISBN: 9783668538870

Dieses Buch bei GRIN:

http://www.grin.com/de/e-book/376758/das-ebro-projekt-analyse-der-spanischen-
wasserpolitik

André Schönen

Das Ebro-Projekt. Analyse der spanischen Wasserpolitik

GRIN Verlag

Geographisches Institut der Universität zu Köln

Politische Geographie der Wassernutzung am Beispiel des Ebro-Projekts

Ausarbeitung

im Rahmen des Mittelseminars

Wasser als Ressource (WS 2013/14)

Vorgelegt von:

André Schönen

I Inhaltsverzeichnis

1.   Einleitung

„Spanien erlebt schlimmste Dürre seit 70 Jahren.“ (FAZ, 16.03.2012)

So betitelten mehrere Zeitungen Anfang 2012 die verheerendste Trockenperiode für das spanische Festland. In den Wintermonaten fiel kaum Niederschlag, sodass die Ressource Wasser in vielen Landesteilen knapper ausfiel. Die Stauseen waren nur zu einem Fünftel gefüllt, in ländlichen Orten versiegten die Wasserhähne, dementsprechend lieferten die spanischen Behörden Trinkwasser in Tankwagen.

Der Wassermangel hat nicht nur mit den ausbleibenden oder saisonal stark schwankenden Regenfällen zu tun, sondern auch mit dem ständig steigenden Verbrauch. Massive Verstädterung an der Mittelmeerküste sowie die wachsende Tourismusbranche in dieser Region fordern immer größere Wasserreserven. Die Ressource Wasser etablierte sich in den letzten Jahrzehnten innerhalb Spaniens zu einem sozialen Konfliktstoff und dem Leitmotiv politischer Bewegungen.

Diese Arbeit möchte mittels einer kritischen Analyse der spanischen Wasserpolitik am Beispiel des Ebro-Projekts die entscheidenden Problemfelder fokussieren, die Wasser zur Mangelware und gleichzeitig zu einem sozialen und politischen Konfliktstoff transformieren. Hierzu werden im folgenden Kapitel anhand der Regionen Granada und Vitoria Gasteiz die klimatischen Bedingungen zunächst erläutert, deren Konsequenzen sich auf die Wasserbilanzen der einzelnen Regionen unterschiedlich stark auswirken. Das dadurch entstehende Nord-Süd-Gefälle wird im dritten Kapitel in den Fokus gestellt. Ebenfalls wird in 3.1. auf die Rolle der Landwirtschaft und in 3.2. auf die Auswirkungen des Tourismussektors in Hinblick auf den landesweiten Wasserverbrauch, Bezug genommen. Kapitel 4 erläutert chronologisch die spanische Wasserpolitik von ihren Anfängen bis zum staatlich geplanten Ebro-Projekt, dessen Bedeutung für die Wasserpolitik in Kapitel 5 herausgestellt wird. Hierbei werden die politischen Ziele aufgegriffen (5.1.), der entstandene regionale Konfliktstoff (5.2.) und die Verhinderung des Projekts (5.3.) rückblickend analysiert. Kapitel 6 zeigt unternommene Maßnahmen einer neuen und nachhaltigen Wasserpolitik und bewertet diese Maßnahmen rückblickend. Im Fazit wird die Bedeutung des sozialen und politischen Konfliktstoffes Wasser anhand der politischen Maßnahmen zusammengefasst.

2.　Klimatische Situation Spaniens

Spanien liegt im Gebiet der winterfeuchten Subtropen. Diese Region ist gekennzeichnet durch ihre jahreszeitlich stark schwankende Niederschlagsverteilung. Die durchschnittlichen Jahresniederschläge betragen in Spanien 683 mm, wobei in den Wintermonaten zwischen Oktober und Februar ca. 90 Prozent des Jahresniederschlags fällt. In den Sommermonaten steht Spanien unter dem Einfluss des subtropischen Hochdruckgürtels, der trockene Luftmassen transportiert, wodurch es selten zu Niederschlägen kommt, bzw. diese im Monat Juli fast ausbleiben. Durch die mediterrane Lage der iberischen Halbinsel weist Spanien gemäßigte Temperaturen auf, die im Jahresmittel zwischen 14 und 16°C liegen.

Neben dem jahreszeitlichen Niederschlagsgefälle weist Spanien auch ein starkes Nord-Süd-Gefälle auf. Das Klimadiagramm von Granada (Abbildung 1) zeigt eine typische Niederschlagsverteilung für die südliche Region am Mittelmeer. Die Niederschlagshöchstwerte erreichen einzig im Dezember knapp die 50 mm Marke und fallen zum Frühjahr hin drastisch ab, sodass sie in den Monaten Juli bis August fast ausbleiben. Dies entspricht auch den Niederschlagsmengen in anderen südlichen Regionen entlang der Mittelmeerküste (BÄßLER 2006: 17).

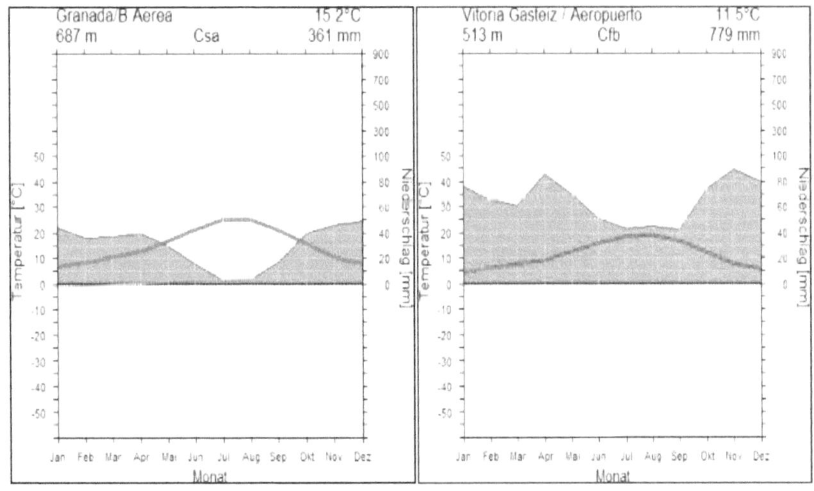

Abb.1: Klimadiagramm von Granada　　**Abb.2: Klimadiagramm von Vitoria Gasteiz**

(Quelle: www.klimadiagramme.de)　　　　　　　　(Quelle: www.klimadiagramme.de)

Das Klimadiagramm von Vitoria Gasteiz (vgl. Abb.2), der Hauptstadt der nördlichen Region Baskenland, weist mit einer jährlichen Niederschlagsmenge von 779 mm mehr als die doppelte Regenmenge im Vergleich zu Granada auf. Im November und April fallen Höchstwerte von 100 mm an Niederschlag. In anderen nördlichen Regionen wie der Provinz Aragon, die sich innerhalb des Ebrobeckens befindet, fallen jährliche Niederschlagsspitzen von 1600 bis 2000 mm. Die Temperaturkurve im Klimadiagramm von Vitoria Gasteiz verschiebt sich im Vergleich zu Granada nur leicht nach unten, was auf die nördliche Lage der Stadt zurückzuführen ist (BÄßLER 2006: 18).

Im Folgenden werden die aus dem starken Niederschlagsgefälle entstehenden Konsequenzen für die spanischen Regionen näher erläutert.

3.   Regionale Wasserbilanzen und ihre Folgen auf das Umland

Die räumlich stark abweichenden Niederschlagsschwankungen wirken sich intensiv auf die Wasserbilanz der einzelnen Regionen aus. Abbildung 3 zeigt das Ungleichgewicht hinsichtlich der Bilanz aus Niederschlag, Verdunstung, Abfluss und Speicheränderung auf ein Gebiet zwischen der Mittelmeerküstenzone und den zentral bis nördlich gelegenen Regionen auf (BREUER 2008: 62).

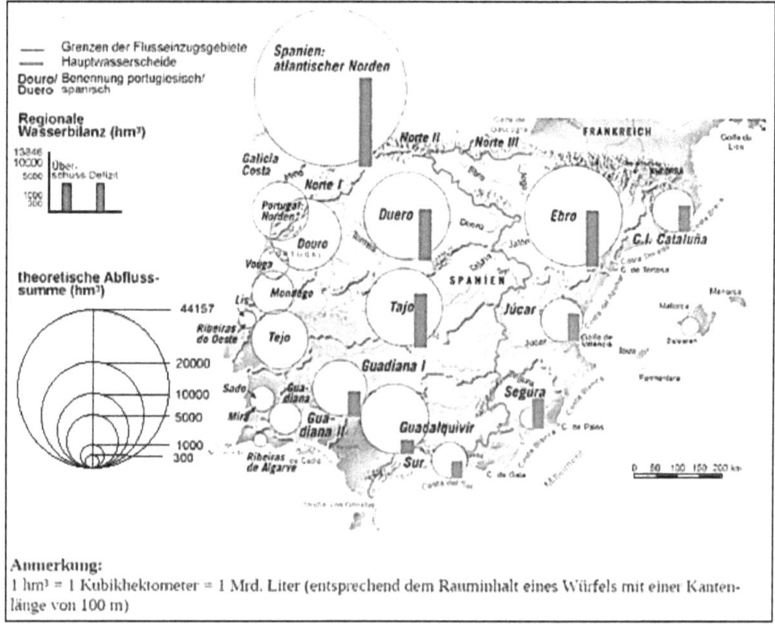

Anmerkung:
1 hm³ = 1 Kubikhektometer = 1 Mrd. Liter (entsprechend dem Rauminhalt eines Würfels mit einer Kanten-länge von 100 m)

Abb.3: Wasserbilanz der Iberischen Halbinsel (Quelle: Breuer 2008: 62)

Dargestellt sind die wichtigsten spanischen Flüsse sowie deren ländliche Flusseinzugsgebiete. Der Tajo, der längste Fluss Spaniens, sowie der Duero und der Guadalquivir entspringen im Landesinnern und fließen in westliche Richtung, wo sie ins Meer münden. Je kontinentaler diese Flüsse liegen, umso höher ist ihr Wasserbilanzüberschuss ausgeprägt. Die theoretischen Abflusssummen liegen bei allen drei Flüssen bei ca. 15.000 Kubikhektometern (hm³). Dagegen weisen die ins Mittelmeer mündenden Flüsse mit östlicher Fließrichtung mit Ausnahme des Ebros niedrige Abflussmengen von 1.000 bis maximal 5.000 hm³ auf. Diese geringen Abflussmengen lassen sich auf die wenigen Niederschlagsperioden an den südlichen Küstenregionen zurückführen. Segura, Júcar und Cataluna haben dadurch auch die höheren Wasserbilanzdefizite. Der Ebro weist trotz östlicher Fließrichtung und Mündung im Bereich der niederschlagsarmen Südostküste eine hohe Abflusssumme von ca. 20.000 hm³ auf und einem damit einhergehenden Wasserüberschuss von ca. 12.000 hm³. Insgesamt ist in Bezug auf die natürlichen hydrologischen Verhältnisse festzuhalten, dass die im spanischen Landesinnern entspringenden Flüsse mit westlicher Fließrichtung im Gegensatz zu den Flüssen mit süd- und südöstlicher Fließrichtung mit Ausnahme der positiven Wasserbilanz des Ebros, das Doppelte der theoretischen Abflussmenge an Wasserüberschüssen verzeichnen (BREUER 2008: 62).

Das Einwirken der beiden Wirtschaftssektoren Landwirtschaft und Tourismus verstärkt massiv das Wasserdefizit des spanischen Südens, was im Folgenden anhand beider Sektoren genauer dargestellt wird.

3.1. Die Landwirtschaft als größter Wasserverbraucher

Die fortschreitende Landwirtschaft ist der mit Abstand größte Wasserverbraucher Spaniens. Insgesamt besaß sie im Jahr 2000 einen Anteil von 68 % am gesamten spanischen Wasserverbrauch. 3 Mio. ha Land sind auf der spanischen Landesfläche in Form von Bewässerungsfeldbau bestellt, da dieser Zweig von den klimatischen Faktoren im Land begünstigt ist. Spanische Anbaugenossenschaften fordern den Ausbau von Stauseekapazitäten und die Ausweitung von Bewässerungsflächen um immer großflächigere Getreidefelder anzubauen, obwohl Spanien bereits jetzt Strafen für seine Überproduktion an die EU zahlen muss (CHATEL 2006: 24).

Die südlichste Provinz Almeria ist eine der trockensten und gleichzeitig die am massivsten bewässerte Region Spaniens. Der weitflächige Treibhausanbau in dieser Region garantiert den weiträumigen Export vieler Gemüse- und Obstsorten, führt zugleich aber zu erheblichen Umweltbelastungen für die Naturreserven Wasser und Boden. Wasservorräte werden für den Gemüseanbau aus hundert Meter tiefen Wasservorräten gefördert, da diese Region ein Wasserdefizit von ca. 50 hm³ pro Jahr aufweist. Der hohe Wasserverbrauch in der Landwirtschaft beeinflusst auch die Wasserreserven für die Provinz. Folgen sind die drastische Senkung des Grundwasserspiegels und die damit verbundene Versalzung der Böden. Dies hat die Übernutzung großer räumlicher Regionen zur Folge. Die in Almeria existierenden Gemüse- und Obstbauzentren Campo de Nijar und Andarax-Almeria weisen einen höheren Wasserverbrauch als das Regenerationspotenzial des eigenen Grundwasserspiegels auf. Insgesamt sind von den 340 hydrologischen Einheiten Spaniens 74 Einheiten (22 %) in mehr oder weniger starkem Ausmaß von Übernutzung und Salzbelastung betroffen (DIERCKE 2007: 119).

3.2. Die Tourismusbranche durstet nach Wasser

Von der Costa Brava am östlichen Punkt Spaniens bis zur Costa del Sol – jene Küstenabschnitte an der spanischen Mittelmeerseite sind dem typischen deutschen Pauschalurlauber mittlerweile geläufig. Nicht ohne Grund trägt der spanische Tourismus zu 9 % am BIP bei, was sich an 60 Millionen Touristen pro Jahr zeigt. Neben den spanischen Inselgruppen freuen sich auch die südlichen, wasserärmeren Festlandgebiete immer größerer Beliebtheit. Die meisten Urlaubsziele werden vor allem in den Sommermonaten besucht, wenn die Wasserressourcen in diesen Regionen am knappsten ausfallen. Die dominierende Tourismusindustrie versucht immer stärker das Wasserangebot im Süden durch neue Infrastrukturprogramme weiter auszubauen, sodass großflächigere Apartment- und Hotelanlagen entstehen können. Zwischen Valenica und Malaga, wo das ganze Jahr über warme Temperaturen herrschen, ist auch der Zweitwohnsitz im Winter für Deutsche und Engländer immer bedeutsamer geworden (CHATEL 2006: 24).
Neben den Apartmentanlagen nimmt im Hinterland von Murcia die Anzahl der Golfplätze drastisch zu. Durch die Nähe zu den Golfplätzen steigen die Immobilienpreise der benachbarten Ferienwohnungen um ein Vielfaches. Den Wasserhaushalt strapaziert allein schon ein Golfplatz, der mit einem durchschnittlichen Jahresverbrauch an Trinkwasser mit dem einer 15.000 Einwohner zählenden Kleinstadt gleichzusetzen ist. Insgesamt 34 neue Golfanlagen sind nur in der Region Murcia in den letzten fünf Jahren entstanden (KÜRSCHNER-PELKMANN 2007: 116).

Aufgrund dieser räumlich-hydrologischen Diskrepanz erscheint es den dominierenden Wirtschaftsakteuren als sinnvollste Methode, Wasser aus dem wasserreichen Norden in die südlichen Regionen umzuleiten. Dieses Vorhaben ist gleichzeitig Auslöser jahrzehntelanger wasserpolitischer Reformen, die eine ausgleichende Wasserversorgung für alle spanischen Regionen anstreben (CHATEL 2006: 26). Kapitel 4 zeigt den langjährigen Weg der spanischen Wasserpolitik und stellt Akteure und deren Reformen in den Fokus.

4.   Spaniens geschichtsträchtige Wasserpolitik

Schon früh mussten die Spanier Mittel und Wege finden um von den saisonalen Niederschlagsschwankungen langfristig zu profitieren. So bauten die spanischen Bauern erste Staudämme und entwickelten ausgefeilte Brunnentechniken, nachdem 1866 das Oberflächenwasser zum Allgemeingut erklärt wurde. Der Staat stellte den Bauern das Wasser kostenfrei zur Verfügung, was für viele landwirtschaftliche Betriebe langfristig die Lebenssituation massiv verbesserte.

Ein geschichtliches Ereignis verstärkte ganz extrem den Wasserbau im Land: Die Franco-Diktatur von 1939 bis 1975. In dieser Zeit ließ der Diktator über 300 Staudämme bauen und ließ damals schon von Ingenieuren jede Möglichkeit prüfen, Wasser aus den nördlichen Flüssen nach Süden umzuleiten. Die bekannteste Wasserüberleitung aus dieser Zeit ist das Hunderte von Kilometer lange Röhrensystem, das Wasser aus dem zentralspanischen Fluss Tajo in den Rio Segura in der südlichen Mittelmeerregion Murcia überführt (CHATEL 2006: 20); vgl. Abb.4.

Abb.4: Wasserüberleitung vom Tajo in die Region Murcia (Quelle:http://www.vocesdecuenca.com/adjuntos/ fichero_9725_20101230.jpg)

Jedoch wurde die Wasserführung des Tajos von Experten weit überschätzt, sodass seit der Inbetriebnahme im Jahre 1978 die geplante Jahresleistung von 1.000 hm^3 pro Jahr nie erreicht werden konnte. Heute sorgt die Wasserüberleitung zwischen der Geberregion Kastilien und der Empfängerregion Murcia für ständige Konflikte, da die kastilianischen Bauern auch im Landesinnern schon von einer fortschreitenden Bodendegradation durch die Austrocknung der Nebenflüsse des Tajo betroffen sind.

Franco missbrauchte die rasant wachsenden Wasserförderungsprogramme als öffentliches Sinnbild des nationalen Fortschritts. Diese wasserpopulistische Politik brachte rückwirkend viele Probleme mit sich. Eine hohe Anzahl der öffentlich propagierten Regionalentwicklungsprogramme scheiterte. Oftmals kam es innerhalb weniger Jahre durch starke Sedimentation zur Verschlammung von zahlreichen Stauseen, sodass diese nutzlos wurden (CHATEL 2006: 22).

Nach Francos Tod kam die Demokratie nach Spanien, die im Gegensatz zu Francos rasantem Wasserausbau zunächst nur langsame Wasserreformen anstrebte. Im Jahre 1985 wurde ein neues Wassergesetz geschaffen, das erstmals das Grundwasser, wie bereits zuvor schon das Oberflächenwasser, zum öffentlichen Gut erklärte. Zuvor konnten die Landwirte so viel Grundwasser entnehmen, wie sie es für nötig hielten. Die Einhaltung dieses Gesetzes ist bis heute fraglich. So finden sich besonders an der Südküste eine Großzahl nicht registrierter Brunnen, die keiner staatlichen Kontrolle unterworfen sind (DE STEFANO 2004: 26).

Erst 1992 wurde von der sozialistischen Regierung ein Vorentwurf für einen nationalen Wasserplan vorgelegt, der von der konservativen Nachfolgeregierung unter Ministerpräsident José Marie Aznar zum Nationalen Wasserplan „PHN" (Plan Hidrológico Nacional) 2001 weiterentwickelt wurde. Zu den wirtschaftlichen Zielen des Plans gehörte es, den Landwirtschafts- und Tourismussektor nachhaltig zu stärken. Hierfür stand die Region Murcia sinnbildlich, die durch die wachsende Bewässerungslandwirtschaft und die zahlreichen Tourismusprojekte (wie oben beschrieben) neue Wasserreserven benötigte. Der Zuspruch für eine nationale ausgleichende Wasserversorgung im Land war in Südspanien enorm und wurde von den führenden Agrarproduzenten und Tourismusverbänden propagiert. Um die flächenübergreifende Wasserzufuhr zu erzielen, plante die Regierung einen Wassertransfer des wasserreichen Flusses Ebro in Richtung Süden, was zum Sinnbild der geplanten PHN-Förderungsmaßnahmen avancierte und später zur Schlacht um einen Fluss ausuferte, die im Folgenden durch die Bedeutung des Ebros für die spanische Wasserpolitik begreifbar wird (DE STEFANO 2004: 26).

5.   Der Ebro im Fokus der spanischen Wasserpolitik

Der 925 km lange Ebro ist nach dem Tajo der zweitlängste Fluss der iberischen Halbinsel. Er entspringt auf 1.880 Meter Höhe aus einem zweigeteilten Quellfluss in Fontibre im Kantabrischen Gebirge. Sein Entwässerungsgebiet (wie auf Abb.5 farbig herausgestellt) verläuft sich mit mehr als 300 Nebenflüssen auf einer Fläche von ca. 83.100 km², womit er die zentrale Entwässerungsader des zwischen den Pyrenäen und dem Iberischen Randgebirge 200 km langen und 60 km breiten Ebrobeckens bildet. Der Ebro war früher ein Symbol der Fruchtbarkeit Spaniens, heute ist er mit den 127 integrierten Staudämmen zu einem umkämpften Wirtschaftsfaktor geworden (MARZOLFF et al. 2003: 241).

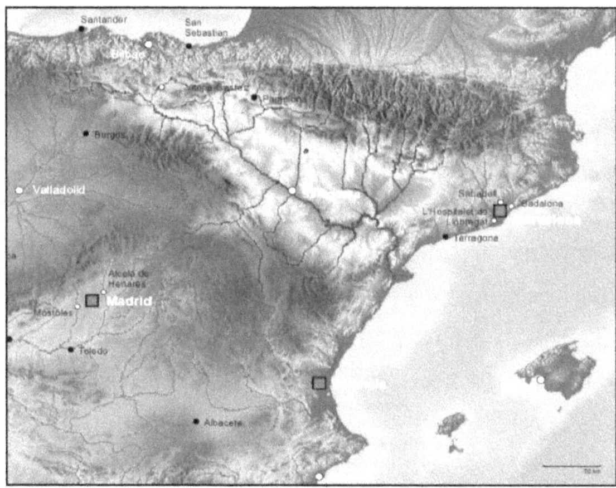

Abb.5: Ebrobecken im Nordosten Spaniens
(Quelle: https://de.wikipedia.org/wik i/Liste_der_Fl%C3%BCsse _in_Spanien#/media/File:S painEbroBasin.png)

5.1. Wassertransfer als PHN-Maßnahme

Die spanische Regierung plante im Rahmen des Investitionsprogrammes PHN den Bau von 900 km langen Kanälen vom Mündungsbereich des Ebros in Katalonien, um jährlich mehr als eine Milliarde Kubikmeter Wasser des nordspanischen Flusses umzuleiten. Ein Fünftel des Wassers sollte nach Barcelona fließen, vier Fünftel in die trockenen Regionen Almeria, Murcia und Alicante. Die Kosten des Projekts in Höhe von 20 Milliarden Euro sollten zu einem Drittel von der EU, nach deren Absage hinsichtlich der ökologischen Belastungen, allein vom spanischen Staat übernommen werden.

Offiziell sollte das Ebrowasser der Landwirtschaft zu Gute kommen und eine Vertrocknung des Südens verhindern. Viel dominanter war für die damalige Regierung das wirtschaftliche Ziel, die internationale Konkurrenzfähigkeit Spaniens durch die Wasserumleitung zu erhöhen.

Tausende Apartmentanlagen und neue Golfareale an den südlichen Küsten sollten ausländischen Investoren garantiert werden, sowie die Ausweitung der Bewässerungslandwirtschaft um 200.000 Hektar in der Region Almeria, so dass letztlich politisch befreundete Bauunternehmer und Gemüsebaubetreiber von neuen Aufträgen und dem Flächennutzen profitiert hätten (KÜRSCHNER-PELKMANN 2007: 116).

5.2. Regionale Konflikte spalten die Bevölkerung

Kaum ein anderes Thema hat die spanische Bevölkerung so entzweit wie die geplante Flussumleitung des Ebros. Im nördlichen wasserreichen Ebrobecken liegt die Region Aragon. Hier wird der Ebro von vielen Zuflüssen gespeist, wodurch auch der Getreideanbau mithilfe des Bewässerungsfeldbaus in dieser Region seit Jahren floriert. Die dortigen Bauerngenossenschaften fürchteten, dass ihnen das Wasser aus den Zuflüssen und Pyrenäen-Stauseen für die geplante Ebroumleitung gestohlen würde. Die kommunalen Politiker Aragons kritisierten die wenig nachhaltige Landwirtschaft sowie die kapitalistische Tourismusindustrie im Süden und regten in ihrer Region zu ersten Protesten gegen eine Flussumleitung an. Die Regionalpolitik Aragons ist ein zentrales Beispiel, dass während der Umsetzung des Wasserplans auch politische Gegenströmungen innerhalb Spaniens aktiv wurden (CHATEL 2004: 32).

Die Anwohner im südlich trockeneren Ebrobrecken fürchteten durch den massiven Wassertransport Richtung Süden eine Verschlimmerung der eigenen ohnehin schon problematischen Region. Heute ist bekannt, dass Umweltorganisationen wie der WWF, diese Erwartungen anhand von Studien zum Ökosystem Ebrodelta bestätigten. Jedoch wurden diese Recherchen von der konservativen Regierung bis ins Jahr 2004 unter Verschluss gehalten (CHATEL 2004: 33).

Im Frühjahr 2001 gingen Hundertausende Spanier in Saragossa, Barcelona und Madrid auf die Straße um gegen den gigantischen PHN-Plan zu protestieren. Diese Protestwelle galt als die größte Demonstration in Spanien bis zu diesem Zeitpunkt. Abbildung 6 zeigt die sogenannten „Blauen Märsche", die in den verschiedenen Regionen für eine neue Wasserkultur kämpften und sich zum Symbol ihres Protests eine verknotete Wasserleitung setzten. Die Einwohner der betroffenen Gebiete wollten auch mögliche EU-Subventionen für das teure Leitungssystem stoppen und gleichzeitig die internationale Aufmerksamkeit auf die nördlichen Gebiete Spaniens lenken, die seit vielen Jahren von der spanischen Regierung vernachlässigt wurden, während im Süden die Gelder in den Ausbau des Tourismussektors flossen (KÜRSCHNER-PELKMANN 2007: 119).

Abb.6: Protestbewegung in Saragossa (Quelle:
http://cdn.20minutos.es/img/2008/05/18/813675.jpg)

Auch im spanischen Süden fanden in weiten Bevölkerungskreisen Proteste statt, die unter dem Slogan „Wasser für alle" für die Pläne der spanischen Regierung stimmten. Hier sahen die Südspanier kritisch auf die Proteste in Barcelona und Saragossa und die wasservorherrschaftliche Haltung der Bevölkerung im Ebrobecken. Angesichts der widerstreitenden Positionen in den verschiedenen Landesteilen Spaniens wurde diese Protestwelle von den Medien auch als „guerra de agua" (Krieg ums Wasser) betitelt (KÜRSCHNER-PELKMANN 2007: 119).

5.3. Der Ebrotransfer wird gestoppt

Im Jahr 2004 kam es erstmals zu einem Umlenken der spanischen Politik durch den Wahlsieg der Sozialisten. Die sozialistische Partei versprach im Wahlkampf umfangreiche und nachhaltige Wasserreformen sowie eine Beendigung des Ebroprojekts. Auch wenn sozialistische Untergruppen im Süden immer noch für die Ebroumleitung warben, konnte Umweltministerin Cristina Narbona am 18. Juni 2004 das geplante Ableiten des Ebros mit großer Mehrheit verhindern, sodass die Bevölkerung im Ebrodelta drei Tage lang die Verhinderung des Wassertransfers mit Großereignissen feierte (KÜRSCHNER-PELKMANN 2007: 121).

Als Alternative zur Flussanzapfung plante das Umweltministerium mehr als hundert Maßnahmen, die eine sparsame und effizientere Wassernutzung sicherstellen sollten. Einen Rückblick darauf gibt das folgende Kapitel.

6.   Alternativen für eine nachhaltige Wasserpolitik

Die neue Regierung konnte im Rahmen ihres Umweltprogramms „AGUA" neue Maßnahmen für die Wasserbewirtschaftung und –nutzung ergreifen. So wurden als Ersatz für das Ebrowasser an der Mittelmeerküste über 50 Meerwasserentsalzungsanlagen errichtet. Doch diese sind langfristig keine Lösung, sondern bringen neue Probleme mit sich: Sie verbrauchen viel Energie, bei deren Erzeugung Kohlendioxid freigsetzt wird. Steigende Treibhausgas-Emissionen verschärfen ihrerseits den Klimawandel und damit die weltweiten Dürregebiete (MARZOLFF et al. 2003: 270).

Um einen sparsameren Wasserkonsum im Tourismussektor zu erzielen wurde der Wasserpreis von der Umweltbehörde erhöht. Außerdem sollten sich die Hotels neue Wasserspar-Technologien wie Wasserrecycling-Anlagen zunutze machen, die das aus dem Waschbecken und Duschen ablaufende Wasser speziell aufbereiten, dass es sich anschließend für Toilettenspülung oder Golfplatzbewässerung eignet.

Auch die Bewirtschaftungsmethoden wurden effizienter gestaltet, sodass der Bewässerungsfeldbau wassersparenden Bewässerungsmethoden, wie der Niedrigmengen-Bewässerungsmethode im Gemüseanbau (Tröpfchenbewässerung), oft weichen musste.

Gleichzeitig motivierte die Regierung mit gezielten Schulungen und Umweltkampagnen die Bevölkerung zum Wassersparen. In der am Ebro gelegenen Stadt Saragossa sparte man seit Jahren schon konsequenter Wasser als in anderen Regionen mithilfe von speziellen Spülkästen und Wasserhahnaufsätzen in jedem Haushalt. Während der spanische Durchschnittsverbraucher über 170 Liter Wasser pro Tag verbraucht, sind es in Saragossa nur noch 109 Liter. Die Stadt war passend zu diesen Veröffentlichungen Ausrichter für die Expo 2008 mit dem Leitmotiv: „Wasser und nachhaltige Entwicklung". Über hundert Nationen präsentierten hier mögliche Auswege aus der globalen Wasserkrise. Direkt am Ebro entstand ein 130 Hektar großer Wasserpark, der die verschiedenen Länderpavillons beheimatete. Doch der Bau des Wasserparks ließ viele kritische Stimmen aufkommen. So begradigten und vertieften Statiker den Ebro von einem natürlichen Mittelstrom zu einem künstlichen Kanal, um den Expo-Besuchern eine schnelle Bootsfahrt zum Ausstellungsgelände zu ermöglichen. Den hohen Wasserverbrauch der einzelnen Pavillons kritisierten Umweltaktivisten genauso vehement wie die künstlichen Eingriffe in den Flusslauf des Ebros. Durch diese unverträglichen Maßnahmen im Vorfeld und während der Durchführung der Expo blieb der richtige Umgang von der Regierungsseite mit der Expo-Botschaft „Wasser und nachhaltige Entwicklung" sehr fraglich (KÜRSCHNER-PELKMANN 2007: 122).

7.   Fazit

Seit der Diktatur Francos werden in Spanien die knappen Wasserressourcen für die eigene Region verteidigt und eingefordert. Auch der politische Erfolg der letzten Regierungen war letztlich immer abhängig vom Umgang mit den Wasservorräten des Landes. Beim Kampf um das spanische Wasser dominieren zudem die Wirtschafts- und Machtinteressen der Landwirtschaftsverbände und der Tourismusfirmen. Das spanische Volk spielt eine untergeordnete Rolle und kann nur selten eine Entscheidung auf wasserpolitischer Ebene bewirken. Zudem spalten die unterschiedlichen Wasserressourcen die einzelnen Regionen untereinander und bergen bei starken Dürrephasen sozialen Konfliktstoff.

Mit der Verhinderung des Ableitungsplans hat die spanische Bevölkerung den Grundstein für eine nachhaltige Wasserpolitik gelegt. Um die Grundwasservorräte zu schonen und auch für kommende Generationen genug Wasser zu haben, sind in Spanien noch umfassende Sparmaßnahmen von Haushalten, Industrie, Landwirtschaft und nicht zuletzt Tourismus erforderlich. Die sozialistische Partei konnte erste Teilerfolge anhand ihres Maßnahmenplans bereits bewirken, jedoch muss auch zukünftig an diesen Maßnahmen festgehalten werden, bzw. diese mithilfe neuer Innovationen weiter ausgebaut werden.
Die Expo 2008 in Saragossa sollte eine Vorreiterrolle im nachhaltigen Umgang mit Wasser einnehmen. Dies kann nur geschehen, wenn das Gastgeberland in Zukunft auch auf umweltverträgliche Einsparungsstrategien setzt und diese flächendeckend einsetzt.

Die starken Dürrezeiträume in den Jahren 2005 bis 2006 und auch 2012 führten ganz Spanien kürzlich wieder vor Augen, dass die systematische Übernutzung der Wasserressourcen und Wasserverschwendung den Prozess der Desertifikation des Landes stark beschleunigen kann. Hier bleibt die Frage offen, ob es die aktuelle Regierung, die seit 2011 wieder die konservative Partei Spaniens ist, schafft, einen nötigen Bewusstseinswandel für den nachhaltigen Nutzen mit der Ressource Wasser einzuleiten.

8.   Literaturverzeichnis

Bäßler, A., 2006. Die Entwicklung eines Syndromkonzepts für die Mittelmeerregion am Beispiel des Bewässerungsfeldbaus in Spanien. Friedrich-Schiller-Universität, Jena.

Breuer, T., 2008. Iberische Halbinsel. Wissenschaftliche Buchgesellschaft, Darmstadt.

Chatel, T., 2004. Wasser in Aragon: Eine ungewisse Zukunft. Hispanorama 106 (4), 29-34.

Chatel, T., 2006. Wasserpolitik in Spanien – eine kritische Analyse. Geographische Rundschau 58 (2), 20-28.

Diercke Weltatlas, 2007. El Ejido - Treibhausanbau. Westermann, Braunschweig.

de Stefano, L., 2004. Freshwater and Tourism in the Mediterranean. WWF-Mediterranean, Rom.

Kürschner-Pelkmann, F., 2007. Das Wasser-Buch. Verlag Otto Lembeck, Frankfurt am Main.

Marzolff, I., Ries, J. B., de la Riva, J., Seeger, M., 2003. Landnutzungswandel und Landdegradation in Spanien. Fachbereich Geowissenschaften der Johann Wolfgang Goethe-Universität, Frankfurt am Main.

Quellenverzeichnis

http://www.europarl.europa.eu/sides/getDoc.do?pubRef=-//EP//TEXT+CRE+20051027+ANN-01+DOC+XML+V0//DE&query=QUESTION&detail=H-2005-0885 (08.02.2014)